团体标准

T/CAEC 004−2023
T/CECS 1268−2023

建筑工程项目监理机构人员配置导则

Guide to staffing for construction supervision department
in buildings

U0331851

1511240394

2023−02−09　发布　　　　2023−05−01　实施

中国建设监理协会
中国工程建设标准化协会　联合发布

团体标准

建筑工程项目监理机构人员配置导则

Guide to staffing for construction supervision department
in buildings

T/CAEC 004－2023
T/CECS 1268－2023

x

主编部门：武汉市工程建设全过程咨询与监理协会
　　　　　天 津 市 建 设 监 理 协 会
　　　　　上 海 市 建 设 工 程 咨 询 行 业 协 会
批准部门：中 国 建 设 监 理 协 会
　　　　　中 国 工 程 建 设 标 准 化 协 会
施行日期：2 0 2 3 年 5 月 1 日

中国建筑工业出版社

2023 北京

团体标准

建筑工程项目监理机构人员配置导则

Guide to staffing for construction supervision department
in buildings

T/CAEC 004-2023

T/CECS 1268-2023

*

中国建筑工业出版社出版、发行（北京海淀三里河路9号）

各地新华书店、建筑书店经销

北京建筑工业印刷厂制版

建工社（河北）印刷有限公司印刷

*

开本：850毫米×1168毫米　1/32　印张：¾　字数：19千字

2023年3月第一版　　2024年1月第三次印刷

定价：**19.00**元

统一书号：15112·40394

本社网址：http：//www. cabp. com. cn

网上书店：http：//www. china-building. com. cn

关于发布《建筑工程项目监理机构人员配置导则》团体标准的公告

中建监协〔2023〕9 号

各会员单位：

按照行业标准化建设规划，中国建设监理协会委托武汉市工程建设全过程咨询与监理协会等单位编制了《建筑工程项目监理机构人员配置导则》，经中国建设监理协会联合中国工程建设标准化协会审查，现批准为团体标准，编号为中国建设监理协会 T/CAEC 004-2023，中国工程建设标准化协会 T/CECS 1268-2023，自 2023 年 5 月 1 日起实施。该团体标准由中国建设监理协会授权武汉市工程建设全过程咨询与监理协会解释。

特此公告。

中 国 建 设 监 理 协 会
中国工程建设标准化协会
2023 年 2 月 9 日

前　言

为推进工程监理工作标准化，保证工程监理单位履行职责，根据《国务院关于印发深化标准化工作改革方案的通知》（国发〔2015〕13号）精神，依据现行国家标准《建设工程监理规范》GB/T 50319和相关政策，经广泛调查研究和认真总结实践经验，编制《建筑工程项目监理机构人员配置导则》。

本导则共分6章，主要内容包括：总则、术语、基本规定、居住建筑工程、公共建筑工程和工业建筑工程。

本导则由中国建设监理协会负责管理，武汉市工程建设全过程咨询与监理协会负责具体内容的解释。实施过程中，如有意见或建议，请向武汉市工程建设全过程咨询与监理协会（地址：武汉市东湖新技术开发区大学园路13号-1现代服务业基地B座12楼，邮编：430223，邮箱：whjl1999@163.com）反馈。

本 导 则 主 编 单 位：武汉市工程建设全过程咨询与监理协会
　　　　　　　　　　　天津市建设监理协会
　　　　　　　　　　　上海市建设工程咨询行业协会
本 导 则 参 编 单 位：中韬华胜工程科技有限公司
　　　　　　　　　　　中晟宏宇工程咨询有限公司
　　　　　　　　　　　江苏建科工程咨询有限公司
　　　　　　　　　　　四川省兴旺建设工程项目管理有限公司
　　　　　　　　　　　湖北长阳清江项目管理有限责任公司
本导则主要起草人员：汪成庆　郑立鑫　孙占国　秦永祥
　　　　　　　　　　　黄　欣　李存新　刘　潞　覃宁会
　　　　　　　　　　　陈凌云　杨　丽　妥福海　李虚进
　　　　　　　　　　　杜富洲　杨江林　谢志刚　宋雪文
　　　　　　　　　　　涂晓岚　胡国平　刘　杨　石　静

　　　　　　　　　　　　郭　念　董晓丽　陶春艳　宋　麒
本导则主要审查人员：王早生　王学军　温　健　刘伊生
　　　　　　　　　　　　修　璐　李　伟　褚　波　张铁明
　　　　　　　　　　　　龚花强

目　　次

Contents

1 总　　则

1.0.1 为提升工程监理服务质量，规范项目监理机构人员配置，保障工程监理职责履行，制定本导则。

1.0.2 本导则适用于居住建筑、公共建筑、工业建筑等工程项目监理机构人员配置。

1.0.3 项目监理机构人员配置，应遵循专业配套、人职匹配和动态调整的原则，且应与监理工作的范围内容，服务期限和服务酬金相匹配。

1.0.4 项目监理机构人员配置，除应符合本导则外，尚应符合国家现行有关标准的规定。

2 术　　语

2.0.1 施工高峰期　construction peak

工程施工过程中，各项资源投入相对集中，施工作业人数达到施工组织设计中日施工作业人数最大值 70% 及以上的时间段。

2.0.2 项目监理机构人员基本配置　basic staffing for construction supervision department

项目监理机构根据监理工作需要和岗位安排，在工程施工高峰期至少应配置的监理人员数量。

2.0.3 监理人员调整系数　adjustment factor of supervision staff

在项目监理机构人员基本配置的基础上，根据工程建设规模、技术复杂程度等因素所确定的专业监理工程师人数调整系数。

2.0.4 监理人员进退场计划　mobilization and demobilization plan of supervision staff

项目监理机构针对不同施工阶段监理工作进展情况，在监理规划中明确的各岗位、各专业监理人员进场和退场的时间安排。

3 基 本 规 定

3.0.1 工程监理单位应在施工现场派驻项目监理机构，根据建筑工程特点、施工计划安排和现场监理工作需要配置专业监理人员。项目监理机构应编制监理人员进退场计划。

3.0.2 项目监理机构人员由总监理工程师、专业监理工程师和监理员组成。在下列情形下，项目监理机构可设总监理工程师代表：

    1 工程监理合同有约定的。

    2 总监理工程师同时在两个及以上项目任职的。

    3 工程规模较大、技术复杂的。

3.0.3 项目监理机构各层级监理人员应具有与其岗位职责相适应的能力，并应具有良好的职业道德和综合素质。

3.0.4 工程监理单位应为项目监理机构配备信息化监理设备设施，提供监理资源保障和专业化技术支持。

3.0.5 工程监理单位应定期组织项目监理机构人员开展法规政策、工程建设标准、专业知识和职业技能等方面的教育培训。

3.0.6 工程监理单位应定期检查、考核项目监理机构及监理人员的职责履行情况，并提出考核评价与整改意见。

3.0.7 工程监理单位宜结合施工进度和监理工作需要，动态调整监理人员进退场计划并报送建设单位批准。

3.0.8 工程监理单位按照监理人员进退场计划调整监理人员时，宜向建设单位报告。施工现场监理工作全部完成或工程监理合同终止时，项目监理机构可撤离施工现场。

4 居住建筑工程

4.0.1 对居住建筑工程实施监理的,项目监理机构应配置满足建筑结构、水电安装、建筑装饰等专业工程监理工作需要的专业监理工程师,并应配置相应数量的监理员。

4.0.2 居住建筑工程施工高峰期的项目监理机构人员基本配置按表4.0.2施行。

表4.0.2　居住建筑工程项目监理机构人员基本配置表

总建筑面积(X) (单位: m^2)	总监理工程师 (人)	专业监理工程师 (人)	监理员 (人)
$X \leqslant 50000$	1	1	1
$50000 < X \leqslant 120000$	1	1～2	2～4
$120000 < X \leqslant 300000$	1	2～5	4～9
$300000 < X \leqslant 500000$	1	5～7	9～13
$500000 < X \leqslant 700000$	1	7～10	13～16
$X > 700000$	建筑面积每增加3万 m^2,应增加1名专业监理工程师或监理员		

注: 1 "总建筑面积"是指工程监理合同内实际施工总建筑面积。
　　2 当总建筑面积处于上表区间值时,按照插值法计算相应监理人员数量。

4.0.3 对于工程地质条件复杂、建筑高度100m及以上或装配率50%及以上的装配式住宅建筑工程,可在表4.0.2中项目监理机构人员基本配置数量的基础上,按照监理人员调整系数(1.1～1.2)增加专业监理工程师配置数量。

5 公共建筑工程

5.0.1 对公共建筑工程实施监理的，项目监理机构应配置满足建筑结构、机电安装、建筑装饰等专业工程监理工作需要的专业监理工程师，并应配置相应数量的监理员。

5.0.2 公共建筑工程施工高峰期的项目监理机构人员基本配置按表 5.0.2 施行。

表 5.0.2 公共建筑工程项目监理机构人员基本配置表

工程概算投资额（Y）（单位：万元）	总监理工程师（人）	专业监理工程师（人）	监理员（人）
$Y \leqslant 3000$	1	1	1
$3000 < Y \leqslant 10000$	1	1	1～2
$10000 < Y \leqslant 30000$	1	1～2	2～3
$30000 < Y \leqslant 50000$	1	2～3	3～4
$50000 < Y \leqslant 100000$	1	3～5	4～6
$100000 < Y \leqslant 150000$	1	5～7	6～8
$Y > 150000$	工程概算投资额每增加 1.0 亿元，应增加 1 名专业监理工程师或监理员		

注：1 "工程概算投资额"是指作为工程监理酬金计算基数的工程概算投资额估算值。
　　2 当工程概算投资额处于上表区间值时，按照插值法计算相应监理人员数量。

5.0.3 对于工程地质特殊、建筑高度 100m 及以上、城市综合体、高标准古建筑、保护性建筑或大型场馆等建筑工程，可在表 5.0.2 中项目监理机构人员基本配置数量的基础上，按照监理人员调整系数（1.1～1.3）增加专业监理工程师配置数量。

6 工业建筑工程

6.0.1 对工业建筑工程实施监理的，项目监理机构应配置满足建筑结构、机电安装等专业工程监理工作需要的专业监理工程师，并应配置相应数量的监理员。

6.0.2 工业建筑工程施工高峰期的项目监理机构人员基本配置按表6.0.2施行。

表6.0.2 工业建筑工程项目监理机构人员基本配置表

工程概算投资额（Z） （单位：万元）	总监理工程师 （人）	专业监理工程师 （人）	监理员 （人）
$Z \leqslant 3000$	1	1	1
$3000 < Z \leqslant 10000$	1	1	$1 \sim 2$
$10000 < Z \leqslant 20000$	1	1	$2 \sim 3$
$20000 < Z \leqslant 40000$	1	2	$2 \sim 3$
$40000 < Z \leqslant 70000$	1	$2 \sim 3$	$3 \sim 4$
$70000 < Z \leqslant 100000$	1	$3 \sim 4$	$4 \sim 5$
$Z > 100000$	工程概算投资额每增加1.0亿元，应增加1名专业监理工程师或监理员		

注：1 "工程概算投资额"是指作为工程监理酬金计算基数的工程概算投资额估算值。
　　2 当工程概算投资额处于上表区间值时，按照插值法计算相应监理人员数量。

6.0.3 对于跨度30m及以上且吊车吨位30t及以上的厂房和仓储建筑、高等级洁净厂房等建筑工程，可在表6.0.2中项目监理机构人员基本配置数量的基础上，按照监理人员调整系数（1.1～1.2）增加专业监理工程师配置数量。

本导则用词说明

1 为了便于在执行本导则条文时区别对待，对要求严格程度不同的用词说明如下：

1）表示很严格，非这样做不可的用词：

正面词采用"必须"，反面词采用"严禁"。

2）表示严格，在正常情况均应这样做的用词：

正面词采用"应"，反面词采用"不应"或"不得"。

3）表示允许稍有选择，在条件许可时首先应这样做的用词：

正面词采用"宜"，反面词采用"不宜"。

4）表示选择，在一定条件下可以这样做的用词，采用"可"。

2 条文中指明应按其他有关标准执行时的写法为："应符合……的规定"或"应按……执行"。

引用标准名录

《建设工程监理规范》GB/T 50319

团体标准

建筑工程项目监理机构人员配置导则

T/CAEC 004-2023
T/CECS 1268-2023

条 文 说 明

目　　次

1 总 则

1.0.1 本导则结合建筑工程监理职责要求和服务特点，充分考虑工程监理单位的技术支持和信息技术运用现状，为指导和促进工程监理单位尽职履责而制定。

1.0.2 居住建筑是指供人们居住的建筑，可分为别墅、公寓、普通住宅、集体宿舍等。公共建筑是指满足人们物质文化生活需要和进行社会活动的非生产性建筑，可分为办公建筑、商业建筑、旅游建筑、科教文卫建筑、通信建筑，以及交通运输类建筑等。工业建筑是指用来生产产品和直接为生产服务的建筑，主要包括生产（加工）车间、试验车间、仓库、科研单位独立实验室、化验室、民用锅炉房和其他生产用建筑等。

1.0.3 专业配套原则是指项目监理机构所配置的监理人员专业和数量应与建筑工程所包含的专业工程监理需求相适应。人职匹配原则是指项目监理机构所配置的监理人员任职资格和专业能力应与工程监理合同约定的服务职责相匹配。动态调整原则是指项目监理机构人员所配置的监理人员应结合工程施工进度和监理工作需要进行动态调整。

2 术 语

2.0.1 工程施工通常分为施工准备阶段、施工阶段和竣工验收阶段。各施工阶段的施工状态不同，资源投入不同。在施工阶段中的施工高峰期往往具有资源投入相对集中，总分包队伍较多，作业面较宽，多专业或工种交叉施工、工程质量与施工安全管控难度较大和完成的施工产值较高等施工特点。项目监理机构人员的合理配置与工程施工阶段及其所处的施工状态密切相关，在施工高峰期，为切实履行监理职责，项目监理机构所配置的监理人员也应最多。

2.0.2 建筑工程项目监理机构人员基本配置是指项目监理机构为履行法定职责和监理合同职责，在工程施工高峰期最少应配置的监理人员数量。施工高峰期以外的其他时间段，在满足监理工作正常开展前提下，项目监理机构可根据工程施工进展及所需专业监理人员情况动态调整监理人员配置。项目监理机构人员配置与调整应通过监理人员进退场计划体现。

2.0.3 对于建设规模大、技术复杂程度高的建筑工程，工程监理工作量会增加、监理人员履职风险也会增加。为此，有必要增加专业监理工程师配置数量，以保证施工现场受控和监理服务质量。

2.0.4 工程监理服务可分为项目驻场服务和非驻场支持服务。对于驻场服务的项目监理机构人员，总监理工程师应在主持编制监理规划时，编制监理人员进退场计划。监理人员进退场计划是监理规划的重要组成部分，也是判别项目监理机构是否履行监理职责的重要依据。

3 基 本 规 定

3.0.1 工程监理单位配置项目监理机构人员应以满足监理工作需要为前提。项目监理机构可运用信息化、数字化技术为监理工作赋能，提高监理工作效率和监理服务质量。监理人员进退场计划中应列明监理人员姓名、专业、岗位、进场时间和退场时间。监理人员进退场计划作为监理规划组成部分，应经建设单位批准后实施。

3.0.2 建筑工程规模较大、技术复杂情形下，总监理工程师难以协调多个施工标段或跨专业工作时，可按标段或专业设总监理工程师代表。

3.0.5 为提高项目监理机构人员的工作水平，工程监理单位应加强学习型组织建设，重视监理人员岗位培训和继续教育工作，不断提高监理人员的专业知识和职业技能，保证监理人员有效履职尽责。

3.0.7 监理人员进退场计划是监理规划的组成部分。调整监理人员进退场计划意味着调整了监理规划。因此，调整后的监理人员进退场计划须经建设单位批准。

3.0.8 项目监理机构无需驻场履行监理职责时即可撤离施工现场。但项目监理机构人员撤离施工现场并不意味着工程监理合同已解除或终止。当然，项目监理机构人员在完成全部或相应专业工作后，可按照建设单位批准的监理人员进退场计划撤离施工现场。

4 居住建筑工程

4.0.2 不同的居住建筑工程，建筑结构形式、建设规模、建设标准等会存在一定差异，因而需要配置不同数量的监理人员。表 4.0.2 是按照一次性开发建设的居住建筑总建筑面积考虑的项目监理机构人员基本配置数量。对于分期建设的居住建筑工程，应按每期实际施工总建筑面积套用表 4.0.2 中相应数值配置项目监理机构人员。

4.0.3 在表 4.0.2 项目监理机构人员基本配置的基础上，考虑地质构造、技术要求、建筑层数、施工难度、管理协调等因素，可按照给出的监理人员调整系数，以项目监理机构各层级人员配置总量为基数，适当增加专业监理工程师配置数量。

5 公共建筑工程

5.0.2 不同的公共建筑工程，建筑功能、结构形式、建设规模、建设标准、智能化程度等均会存在差异，因而需要配置不同数量的监理人员。表5.0.2是按照公共建筑工程概算投资额考虑的项目监理机构人员基本配置数量。

5.0.5 在表5.0.2项目监理机构人员基本配置的基础上，考虑建筑层高、技术复杂程度、智能化系统完备程度、城市综合体规模、古建筑或保护性建筑标准、管理协调难度等因素，可按照给出的监理人员调整系数，以项目监理机构各层级人员配置总量为基数，适当增加专业监理工程师配置数量。

6 工业建筑工程

6.0.2 工业建筑工程包括单层工业厂房、多层工业建筑和仓储类建筑工程等。不同的工业建筑工程，建筑功能、结构形式、建设规模、建设标准、工期要求、工艺技术等均会存在差异，因而需要配置不同数量的监理人员。表6.0.2是按照工业建筑工程概算投资额考虑的项目监理机构人员基本配置数量。

6.0.3 在表6.0.2项目监理机构人员基本配置的基础上，考虑厂房跨度、技术要求、建设标准、管理协调难度等因素，可按照给出的监理人员调整系数，以项目监理机构各层级人员配置总量为基数，适当增加专业监理工程师配置数量。

1 5 1 1 2 4 0 3 9 4

统一书号: 15112 · 40394

定　价:　**19.00**　元